中国

寻龙中国

张云飞 / 主编

张雪容 董毅 王荣 / 著

颜榕婷 / 绘

图书在版编目（CIP）数据

寻龙中国/张雪容，董毅，王荣著 . -- 上海：华
东师范大学出版社，2025. -- ISBN 978-7-5760-6410-0
Ⅰ. Q915.864-49
中国国家版本馆 CIP 数据核字第 202520ED44 号

寻龙中国

著　　者　张雪容 董　毅 王　荣
绘　　图　颜榕婷
封面书法　丁申阳
策划编辑　张俊玲
责任编辑　黄诗韵
责任校对　时东明
装帧设计　颜榕婷 胡　蓉

出版发行　华东师范大学出版社
社　　址　上海市中山北路 3663 号 邮编 200062
网　　址　www.ecnupress.com.cn
电　　话　021-60821666 行政传真 021-62572105
客服电话　021-62865537 门市（邮购）电话 021-62869887
地　　址　上海市中山北路 3663 号华东师范大学校内先锋路口
网　　店　http://hdsdcbs.tmall.com

印　刷　者　上海邦达彩色包装印务有限公司
开　　本　889 毫米 ×1194 毫米 1/24
印　　张　3⅙
版　　次　2025 年 8 月第 1 版
印　　次　2025 年 8 月第 1 次
书　　号　ISBN 978-7-5760-6410-0
定　　价　68.00 元

出 版 人　王　焰

编委会

科学顾问
邢立达 何鑫

主编
张云飞

副主编
包李君 王荣

朋友们，你们来到的可不是普通的恐龙展！这是一场横跨1.8亿年的超级时空冒险！在这里，我们不仅要认识许多恐龙明星，还要了解它们的生活环境，以及塑造那些环境的神奇地质力量！

恐龙的演化

环境的演化

中国地质地貌的演变历程

三线探索之旅

没错！我们将从三叠纪的云南开始，然后去侏罗纪的四川自贡，最后到白垩纪的多个地区，看看恐龙是如何在不同的环境中生活的。

三叠纪
云南

白垩纪
多个地区

侏罗纪
四川自贡

而且，中国还有许多恐龙化石。这些化石不仅告诉了我们恐龙们长什么样，还告诉了我们那时候地球的样子。

敲黑板！

据说目前全球已经发现了 1000 多种恐龙，其中，在中国发现的就有 350 多种。中国恐龙不仅数量多，还勇夺了一系列的"世界之最"呢，有第一种会飞的恐龙，有亚洲最大的食肉恐龙，有最早的有羽毛的恐龙，还有保存最完好的恐龙蛋……

中国简直就是恐龙研究的宝库呢！

7

时间倒流中：2.52 亿年前……

我们要穿越回 2.52 亿年前，那是一个跟现在完全不同的世界——大陆刚刚拼合成超级大陆，生命刚刚从一场大灾难中恢复，恐龙的先祖正准备登上生命的舞台！

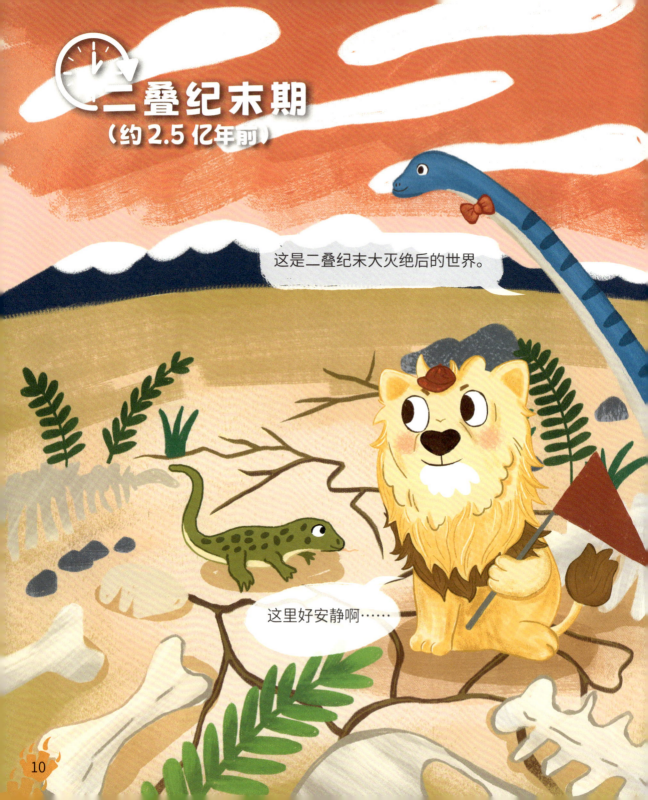

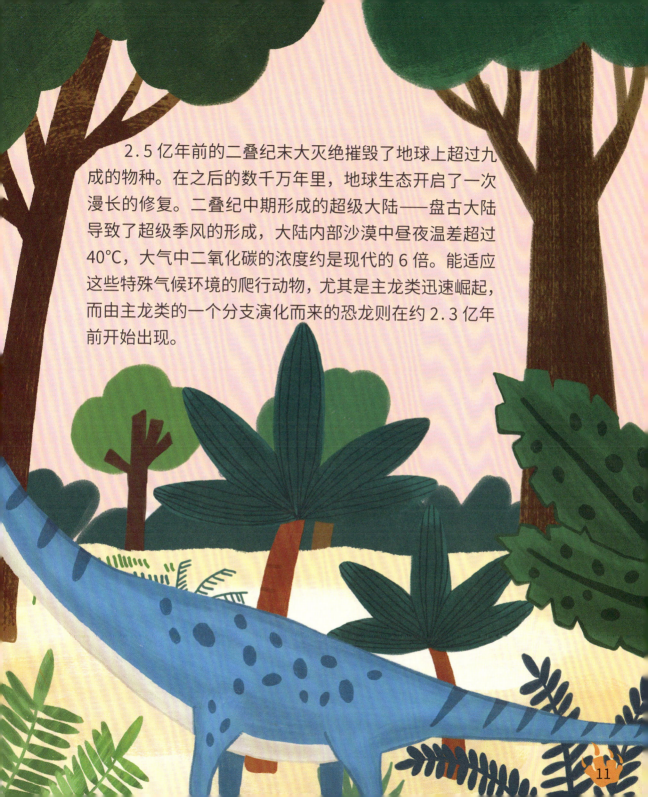

2.5 亿年前的二叠纪末大灭绝摧毁了地球上超过九成的物种。在之后的数千万年里，地球生态开启了一次漫长的修复。二叠纪中期形成的超级大陆——盘古大陆导致了超级季风的形成，大陆内部沙漠中昼夜温差超过 40℃，大气中二氧化碳的浓度约是现代的 6 倍。能适应这些特殊气候环境的爬行动物，尤其是主龙类迅速崛起，而由主龙类的一个分支演化而来的恐龙则在约 2.3 亿年前开始出现。

三叠纪早期
（约 2.5 亿年前）

这里是 2.5 亿年前的三叠纪早期的中国，这时的中国和我们现在的中国不一样！

马龙，这是哪里？

敲黑板！

中国恐龙的兴盛可能与约 2.5 亿年至 1.9 亿年前的板块运动相关。在这次被称为"印支运动"的地质构造事件中，中国的多个古地块被拼接成为一体，结束了"北陆南海"的格局，形成了东亚最早的统一陆地。板块运动导致四川盆地边缘逐渐隆起成为群山，随着盆地整体抬高，被海水淹没的地区逐步升起，由海盆转变为湖盆。湖水几乎覆盖了现在的四川盆地，形成了一个被称为"巴蜀湖"的巨大湖泊，区域生态环境变得十分温和，其周边自然而然成为恐龙生活的乐园。

见龙在田

我们可以用两条后腿跑步哟！

　　二叠纪末期生物大灭绝后，许多动物类群退出了地球的生命舞台，然而，恐龙凭借特殊的生态适应性，比如直立步态带来的更高效的行走模式、更高效的呼吸方式和采食方式，在生态位重组中占据了优势。之后，恐龙在三叠纪中期逐渐占据主导地位，开启了长达 1.6 亿年的"恐龙统治时代"。而中国，就是见证这一切开始的重要地点之一。

敲黑板！

　　能成功存活下来的物种不一定是最强壮的物种，也不一定是最聪明的物种，但一定是最能适应变化的物种。比如，早期恐龙为了适应环境，出现了最重要的进化特征之一 ——直立行走。这种行走方式在捕猎和躲避天敌时更有优势。恐龙凭借着超强的适应能力，在很短的时间内，在陆地脊椎动物中占据了数量优势，成了陆地霸主。

快看，那些就是恐龙的祖先——早期的主龙类。

中华第一龙

　　在云南发现的许氏禄丰龙与巨型禄丰龙等化石揭示了恐龙在二叠纪末期劫难后崛起的关键形态演化：基干蜥脚类的植食适应性特征和兽脚类捕食者的早期分化轨迹。

萌狮，它们就是大名鼎鼎的许氏禄丰龙！

许氏禄丰龙？就是被誉为"中华第一龙"的许氏禄丰龙？

是呀！看来你还是挺了解恐龙的嘛！许氏禄丰龙可是由中国人自主发现、挖掘、研究、装架、命名的第一种恐龙！

第一代中国恐龙人

　　在战火纷飞的 1937—1943 年，中国恐龙研究先驱杨钟健教授带领他的团队，系统发掘了禄丰化石群。1939 年，他们命名了"许氏禄丰龙"——这是亚洲首个完整的恐龙骨架。

杨钟健

　　禄丰龙的发现让中国在国际恐龙研究舞台上有了自己的声音。杨钟健教授也因此成为唯一一位在英国自然历史博物馆中拥有肖像的中国科学家。此外，杨钟健教授还开创了我国的古脊椎动物学研究，其研究领域覆盖了从鱼类到人类几乎所有古生物类群。

中国早期恐龙群落

我们是云南龙，我们喜欢和朋友们一起玩！

云南龙

除了禄丰龙，中国还发现了很多早期恐龙。比如云南龙，它们也是基干蜥脚类恐龙，但比禄丰龙更喜欢群居。科学家们在云南发现了它们排成一列的足迹化石，证明它们是集体活动的。再比如盘古盗龙，它们是早期兽脚类恐龙的代表。虽然它们体长只有 2 米左右，但已经具备了肉食恐龙的基本特征：锋利的牙齿、强壮的后腿、敏捷的身手。它们是亚洲最早的腔骨龙类恐龙之一。

从这些早期恐龙开始，恐龙家族分成了三大主要类群：一类是像禄丰龙、云南龙这样的基干蜥脚类，它们主要吃植物；一类是像盘古盗龙这样的兽脚类，它们主要吃肉；还有一类是鸟臀类，它们也在悄然崛起。

巨龙时代

随着三叠纪接近尾声，恐龙逐渐占据了生态系统的主导地位。像程氏星宿龙就是更进步的蜥脚形类的代表。它们完全适应了四足行走，为未来的巨型化打下了基础。再加上环境变得更加湿润，植物生长得更加茂盛，为恐龙提供了更多食物，恐龙开始迈入了"巨龙时代"。

比禄丰龙更壮实

那接下来，恐龙还会变得更大更厉害吗？

程氏星宿龙

完全适应四足行走

23

侏罗纪的地质大剧场

没错！
我们现在来到了侏罗纪，这个时期的地球正在发生重大变化。

啊，侏罗纪的空气比三叠纪湿润多了！

这里的植物好茂盛啊！地面也不再那么干裂了！

侏罗纪
（1.9 亿年前—1.45 亿年前）

24

敲黑板！

三叠纪末期到侏罗纪早期，随着"印支运动"的继续，超大陆开始逐渐分裂。地壳运动形成了许多凹陷区域，这些地方后来变成了重要的沉积盆地，比如四川盆地、鄂尔多斯盆地、准噶尔盆地等。自贡地区保存了从侏罗纪早期至侏罗纪晚期的恐龙化石群记录，堪称自然档案库。

好眼力！四川盆地正是侏罗纪中国最重要的恐龙乐园之一。特别是自贡地区，那里形成了理想的沉积环境，成为恐龙繁盛的天堂。

四川盆地

这个盆地看起来很特别！

恐龙乐园

马门溪龙

侏罗纪的气候比三叠纪湿润得多，植被也更加繁茂，蕨类、裸子植物开始占据主导地位，比如松柏类、银杏和苏铁。这些植物为植食性恐龙提供了丰富的食物，支持它们向更大型的恐龙演化。

四川自贡地区是恐龙的理想家园。那边有许多湖泊和河流。自贡周围的火山活动很频繁，具备了理想的化石保存条件。当恐龙死亡后，它们的遗体很快被泥沙掩埋。因远离空气和细菌，加上火山灰中的矿物质的作用，这些恐龙的遗体在接下来的漫长岁月里逐渐变成化石而被保存下来。所以，自贡的恐龙化石特别多。

蜀龙

自贡恐龙王朝：蜀龙群的崛起

蜀龙生活在约 1.75 亿年至 1.65 亿年前，是早期真蜥脚类恐龙的代表。蜀龙已经完全适应了四足行走。它们的前肢变得更加有力，肩胛骨更加宽大，以便支撑不断增长的体重。蜀龙群清晰地展现了侏罗纪中期恐龙的多样性，以及它们如何在复杂环境中找到各自的生存之道。蜀龙群的繁盛证明了这种四足适应策略的成功，为后来更大型的蜥脚类恐龙的发展铺平了道路。

萌狮，快看，湖边有一群蜀龙呢！

它们好像完全用四条腿走路了，不像禄丰龙那样多用两足行走。

巨龙之路：马门溪龙

现在，让我来介绍一下我自己——合川马门溪龙。我们是拥有惊人长颈的巨兽，身长可达 30 米以上，是陆地上已知最长的动物之一！我们生活在侏罗纪晚期，约 1.6 亿年至 1.45 亿年前，是亚洲最著名的长颈恐龙之一。长脖子是我们家族的"超级武器"，能让我们吃到其他植食性恐龙够不到的植物。这意味着我们不必与它们争夺食物哟！是不是很厉害啊？我们马门溪龙的成功标志着蜥脚类恐龙进化策略的成熟。在侏罗纪晚期，我们的家族遍布全球，成为当时最成功的大型植食性恐龙之一。

马门溪龙的长脖子的秘密

马门溪龙的巨型化是很多因素共同作用的结果。一方面，长脖子能让它们觅得不同高度的植物资源，减少与其他植食性恐龙的竞争；另一方面，马门溪龙的骨骼结构，如分叉的神经嵴和加长的颈肋，也显示出在支撑巨型身体方面的独特适应性。当然，侏罗纪的丰富植被也提供了充足的食物来支持它们不断巨型化。而且，巨型化本身就是一种防御策略——马门溪龙成年后几乎没有天敌。

马龙，我一直很好奇，为什么你们能长这么庞大？这有什么特别的秘密吗？

敲黑板！

　　马门溪龙是蜥脚类恐龙中脖子最长的代表之一，其颈部由 19 节颈椎组成，而且这些颈椎骨有着特殊的构造：每块颈椎都很轻，中间有空腔，连接得非常灵活。此外，马门溪龙发达的气囊系统不仅减轻了脖子的重量，还提供了更高效的呼吸方式。

这是个很好的问题！

演化是一场精妙的平衡游戏。我们的巨大体型既是优势，也带来挑战。不过别忘了，在我们这些庞然大物闪耀的同时，另一些恐龙也在沿着不同的路径演化，变得越来越凶猛……

侏罗纪的掠食者
——食肉恐龙的崛起

气龙

四川龙

随着蜥脚类恐龙变得越来越大，食肉恐龙也不甘示弱，进化出了更强的咬合力、更锋利的牙齿和更有力的后肢，以便能猎杀更大的猎物。侏罗纪中期的肉食性恐龙包括气龙和四川龙，它们属于僵尾龙类，是侏罗纪的主要捕食者。

嘘！那些是肉食性恐龙！

那些是什么恐龙？看起来好恐怖！

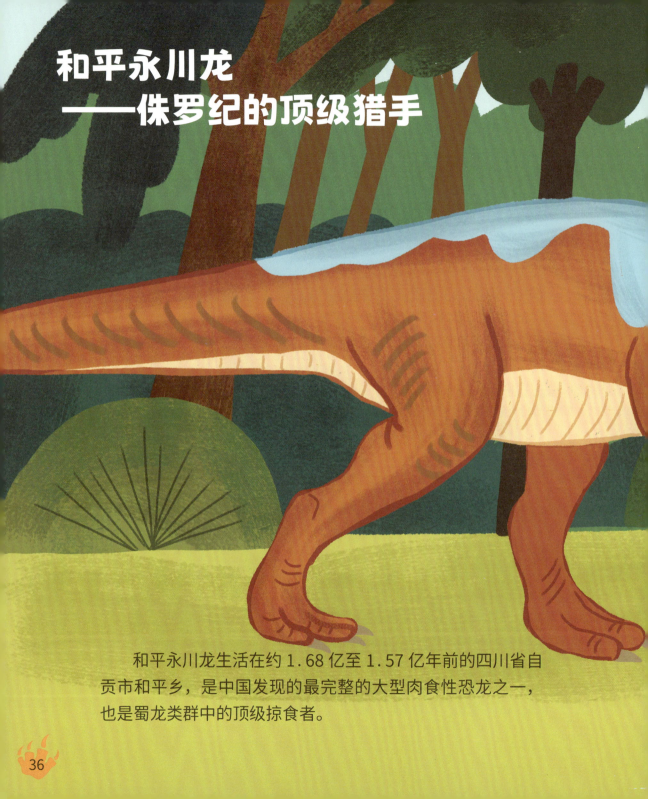

和平永川龙
——侏罗纪的顶级猎手

和平永川龙生活在约 1.68 亿至 1.57 亿年前的四川省自贡市和平乡，是中国发现的最完整的大型肉食性恐龙之一，也是蜀龙类群中的顶级掠食者。

作为顶级的掠食动物，永川龙在生态系统中发挥着很重要的作用，比如它们限制了其他掠食者的扩张，防止食物链的失衡，还通过捕食行为来促进植食性恐龙朝着更大体型演化，以更好地保护自己。这就是大自然的法则——捕食者与猎物共同进化！

它可是侏罗纪晚期的顶级猎手啊！它叫和平永川龙。

马龙，这也是食肉恐龙吗？

和平？它长得可一点都不和平啊……

恐龙的分类

马龙，我们已经见了这么多恐龙了，我都快记不清了！你说，恐龙的种类这么多，科学家们是怎么把它们分清楚的呀？

好问题！小狮子，你想象一下，如果你要整理一个超级大的玩具箱，你会怎么做？

嗯……我会把相似的玩具放在一起，比如，所有的积木放一起，所有的毛绒玩具放一起。

对呀，科学家们也是这样来给恐龙分类的。不过，他们看的不是恐龙的外表，而是恐龙身体上的一个特殊结构 —— 腰带。恐龙的腰带由三块重要的骨头组成，它们分别是耻骨、肠骨和坐骨。科学家们发现，根据恐龙的腰带结构，可以把恐龙分成两大家族，即蜥臀目和鸟臀目。

这名字听上去好复杂啊！

"蜥"是蜥蜴的意思，"臀"是屁股的意思，"蜥臀目"就是"屁股像蜥蜴的恐龙"。同样地，"鸟臀目"就是"屁股像鸟的恐龙"。

哈哈哈，原来是根据屁股分类呀！

可以这么理解！不过，更准确的说法是，主要根据腰带中耻骨的朝向来分类。大多数蜥臀目恐龙的耻骨是朝前的，而鸟臀目恐龙的耻骨是朝后的。

所有的恐龙都是这样的吗？

大自然总有例外呀。比如驰龙，它们属于蜥臀目，但它们的耻骨却是向后的。这是演化过程中的特殊适应。

鸟脚类

蜥脚类

剑龙类

兽脚类

肿头龙类

驰龙

鸟臀目

角龙类

蜥臀目

甲龙类

39

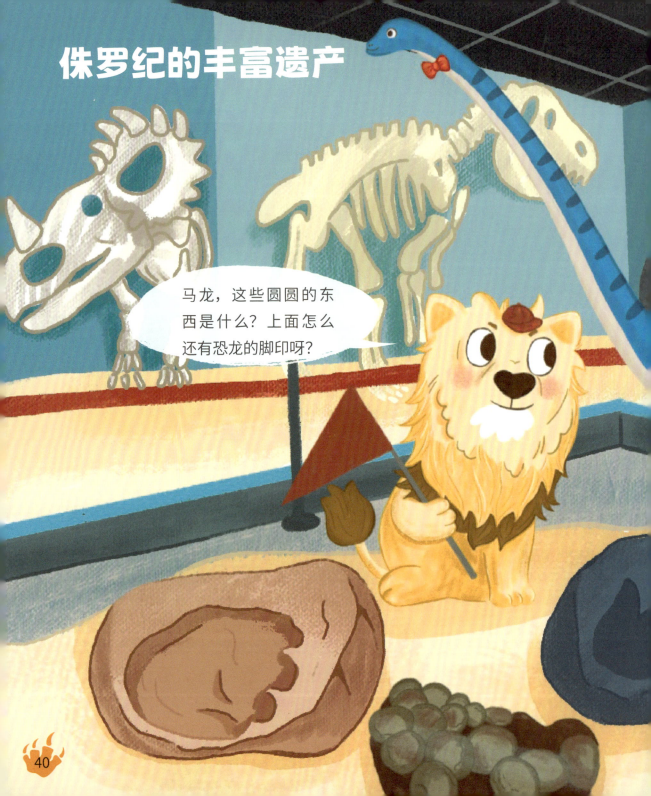

侏罗纪的丰富遗产

马龙，这些圆圆的东西是什么？上面怎么还有恐龙的脚印呀？

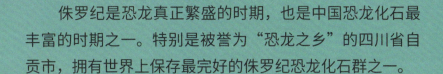

侏罗纪是恐龙真正繁盛的时期，也是中国恐龙化石最丰富的时期之一。特别是被誉为"恐龙之乡"的四川省自贡市，拥有世界上保存最完好的侏罗纪恐龙化石群之一。

这些是恐龙的足迹化石和恐龙蛋化石。它们都是我们了解恐龙生态的重要线索。

恐龙的足迹化石就像恐龙走过时留下的签名，记录了它们的大小、走路姿态，甚至是奔跑速度！而恐龙蛋化石则告诉了我们恐龙的繁殖方式。从这些化石中，我们可以了解恐龙为了适应环境而发展出的生存策略，而这些策略将在接下来的白垩纪中得到进一步的发展。

燕山运动与中国新地貌

 白垩纪

（1.45 亿年前—6600 万年前）

白垩纪的中国形成了不同的地理区域，每个区域都有独特的气候、植被和地形特征，这导致了恐龙群落的区域化发展。

环境的多样性——从东北到西北

东北地区

中原地区

西北地区

南方地区

44

　　白垩纪的中国已经形成了明显的气候分区。东北地区温暖湿润，适合森林生长；西北地区则相对干旱；中原和南方地区气候温和舒适，水源丰富。

　　白垩纪是被子植物崛起的时期，它们逐渐取代了之前占主导地位的裸子植物。

裸子植物

被子植物

　　被子植物的出现为植食性恐龙提供了新的食物来源，也间接影响了整个生态系统。植物的变化是恐龙多样化的重要推动力之一。不同的植物需要不同的采食方式，这促使恐龙演化出各种适应性特征。

　　这就是我们常说的"环境塑造生命"！

群龙竞秀

兽脚类

西北地区

汝阳龙

蜥脚类

东北地区

兽脚类

鸟脚类

中原地区

征服蓝天——两种飞行演化路径

中华龙鸟

膜质翼结构

     侏罗纪晚期至白垩纪早期是恐龙演化的鼎盛时期。一些小型兽脚类恐龙，如驰龙科与伤齿龙科等物种演化出了羽毛结构，开启了向鸟类过渡的创新发展，进而演化出两种不同的路径。一支以中华龙鸟和赫氏近鸟龙为代表，演化出了不对称飞羽与扇状尾羽，它们通过主动振翅飞向蓝天，最终诞生了早期鸟类；另一支，如长臂混元龙，则选择了另一条路：它们的前肢末端演化出了类似翼龙和蝙蝠的膜质翼结构。

     确切地说，鸟类是兽脚类恐龙的直系后裔！这个革命性的发现大大改变了我们对恐龙的理解。虽然大型恐龙最终在白垩纪末期灭绝了，但通过鸟类这一支，恐龙的血脉延续至今！

跨越时空的礼物
——中法友谊的见证

2024 年 5 月，中国国家主席习近平访问法国时，向法国总统马克龙赠送了一尊精美的赫氏近鸟龙复原模型，作为中法建交 60 周年的礼物。古老的生命故事承载着现代的人类友谊，这就是科学的魅力所在。

赫氏近鸟龙

装甲演化
——恶劣环境里的防御升级

一层较薄的骨板，排列也比较简单

辽宁龙

传奇龙

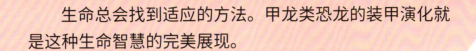

生命总会找到适应的方法。甲龙类恐龙的装甲演化就是这种生命智慧的完美展现。

厚实坚固的骨板

中原龙

攻防一体的武器

装甲几乎覆盖了全身，更加坚固

角龙曙光——头角如何变得峥嵘

隐龙

没有形成典型的颈盾，头部也没有明显的角

这个特殊的嘴是为了更好地吃植物

角龙家族的起源比我们想象的更古老，而中国正是研究角龙类起源的关键区域。白垩纪时期的周期性干旱等环境因素可能是推动角龙形态演化的重要力量。随着环境的变化，角龙类被迫发展出了更强的捕食能力和防御能力。这些早期角龙的演化尝试为晚白垩纪那些大型的华丽的角龙类的爆发性多样化奠定了基础。

这只看起来更像我们熟悉的角龙了！

角龙

鹦鹉嘴龙

强有力的剪切喙和
颈盾的雏形

55

巨龙之路：汝阳龙

从三叠纪的禄丰龙到侏罗纪的马门溪龙，再到白垩纪的汝阳龙，蜥脚类恐龙的"巨龙之路"一直在延续。

白垩纪晚期，在中原地区出现了巨型汝阳龙，是目前已知最粗壮、最重的恐龙之一。它们的长度达到了 30 米，重达 60 吨以上，代表了陆地动物体型的极限。巨大体型有很多优势：几乎没有天敌、能够更有效地消化植物纤维、抵抗温度变化的能力更强。但它们确实也面临着一些挑战，比如需要更多的食物和水源。汝阳龙能够达到这样的体型，说明当时中原地区资源非常丰富，能够支持这些巨型生物的生存。

是呀，它们是汝阳龙，是迄今世界上最大的恐龙之一。

天哪！那些恐龙怎么那么大？马龙，它们比你还大呢！

暴龙演化
——顶级掠食者的演化里程碑

暴龙类选择了一条独特的进化路径——资源重新分配，即它们将身体能量从前肢转移到更关键的部位，演化出了强大的后腿、巨大的头部和锋利的牙齿。强大的后腿可以提供爆发力和速度，而巨大的头部和锋利的牙齿可以提供致命的咬合力。最令人惊讶的是，有些暴龙类的身上覆盖着原始的羽毛结构。这一发现彻底改变了我们对暴龙的认知。羽毛最初可能主要用于保温，帮助它们调节体温。这表明，暴龙类可能正在演化出更高效的体温调节能力，向温血动物迈进！这是一项重要的进化优势。

目前已知最原始的暴龙类

冠龙

更有力的后肢

白垩纪晚期，暴龙一步步走向了生态链的顶端，最终
实现了顶级掠食者的生态霸权，成了"恐龙之王"。

羽毛龙

迄今发现的最大的有确切羽毛证据的恐龙之一

帝龙

巨大的头部

纤维状结构

短小的前肢

南北最后的各自辉煌

暴龙

角龙

鸭嘴龙

白垩纪晚期
（约 7000 万年前）

北方
南方

60

萌狮，我们现在来到了白垩纪晚期。让我们一起来看看南北方的恐龙吧。

长颈家族

甲龙

　　白垩纪晚期的中国，恐龙群落已经形成了鲜明的南北分化。这是长期的地理隔离和气候差异共同作用的结果：喜马拉雅造山运动使中国南北形成了地理屏障。北方地区相对温和湿润，植被丰富多样，是鸭嘴龙和角龙的天下，还演化出了多样化的顶级掠食者，它们发展出了不同的狩猎策略，有专门伏击的，有群体协作的，还有善于长途追逐的；南方地区则相对干旱，植被资源分布不均，是长颈家族和甲龙的世界。

气候巨变：压垮恐龙的最后一击

暴龙类

鸭嘴龙

北方

大约 6800 万年前，东亚地区发生了一场前所未有的气候剧变：年降水量骤然减少了惊人的 66%！这场干旱引发了一系列毁灭性的连锁反应。首先是植被大规模枯萎，食物链的基础崩塌了。接着，曾经成片的森林变成了一个个孤零零的绿洲。即使是统治地球 1.6 亿年的恐龙，也无法抵抗剧烈的气候变化：恐龙种群被分割成小群体，种群多样性减少。

这不是一夜之间的毁灭，而是一场漫长的、痛苦的衰落。但是，生命仍然找到了继续存在的方式。一些小型的适应性强的恐龙，如现代鸟类的祖先，幸存了下来，延续了恐龙的血脉。这就是生命的奇迹：即使在最黑暗的时刻，也总有一线希望在延续。

凝固永恒——白垩纪的化石宝库

哇！这里面有一个小宝宝呢！

中华贝贝龙

山东龙

体长达 15 米，在白垩纪末期的平原上称霸一方

中华贝贝龙蛋　　山东龙蛋　　窃蛋龙蛋

窃蛋龙

全身覆盖着美丽的羽毛

　　中国的白垩纪地层保存了丰富的恐龙化石，是研究白垩纪生态系统的宝贵资源。特别是辽宁的热河生物群，因其出色的保存条件，甚至连恐龙的羽毛、皮肤和内脏都保存了下来，堪称"恐龙研究的庞贝古城"。

　　中国是世界上发现恐龙蛋化石最多的国家之一，这些蛋化石不仅展示了恐龙的繁殖方式，有些还保存了珍贵的胚胎化石，让我们能够一窥恐龙宝宝的模样。

繁盛的终结

墨西哥尤卡坦半岛

环境的变化对恐龙来说只是第一重打击，真正的毁灭来自天外的一颗直径约 10 公里的小行星。它撞击在现在的墨西哥尤卡坦半岛，但它的影响是全球性的。在中国，科学家们在地层中发现了铱元素异常富集的证据，这是陨石撞击的明确标志。

白垩纪末期
（6600 万年前）

尾声：永恒的警示

我们恐龙曾经是地球的霸主，统治了地球整整 1.6 亿年，但最后，我们为什么还是从地球上消失了呢？

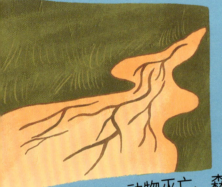

气候变暖、动物灭亡、森林毁灭，这些景象是否让你想起白垩纪末期的场景？
如果今天的你们面对同样的环境变化，会如何选择？

小朋友们，我们的"恐龙之旅"到这里就结束啦！

恐龙无法预见灾难，无法改变自己的命运，但人类有智慧，有科学，有技术，你们可以做得更好！

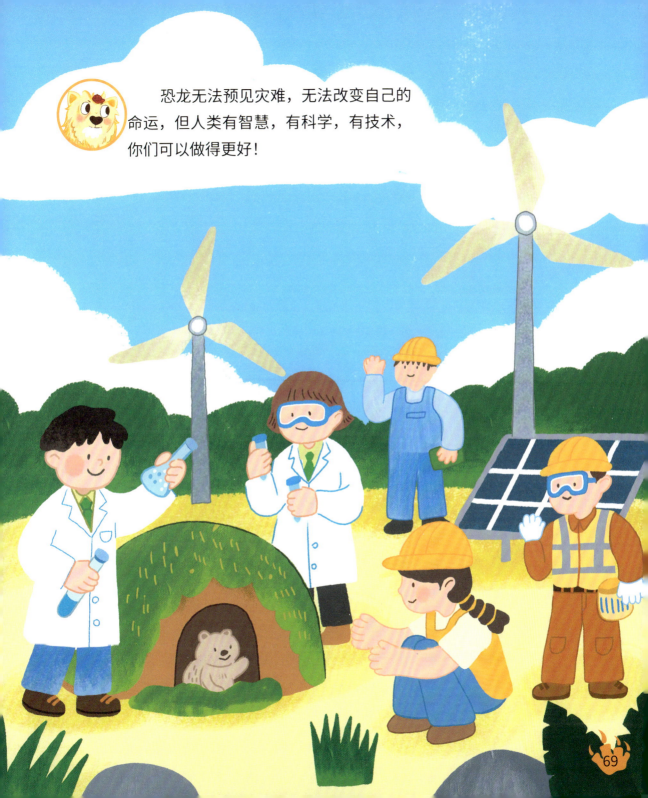

垃圾分类

节约用电

保护植物

保护动物

节约用水

你们看，每一个小小的行动都像是在给地球增加一个"保护罩"。这些智慧的选择是我们恐龙当年做不到的，但是你们每个人都能做到！

恐龙的故事已经写完了，
但书写人类故事的笔正握在你们自己手里。
请一定写一个关于智慧、友爱和超能力的故事，
千万别让它变成我们悲剧的续集哟！

中国恐龙研究成就时间线

早期奠基阶段
20 世纪 30 年代—20 世纪 50 年代

杨钟健等

学术框架构建阶段
20 世纪 60 年代—20 世纪 80 年代

赵喜进、董枝明等

深入拓展与重大发现阶段
20 世纪 90 年代至今

徐星、周忠和、
尤鲁海、邢立达等